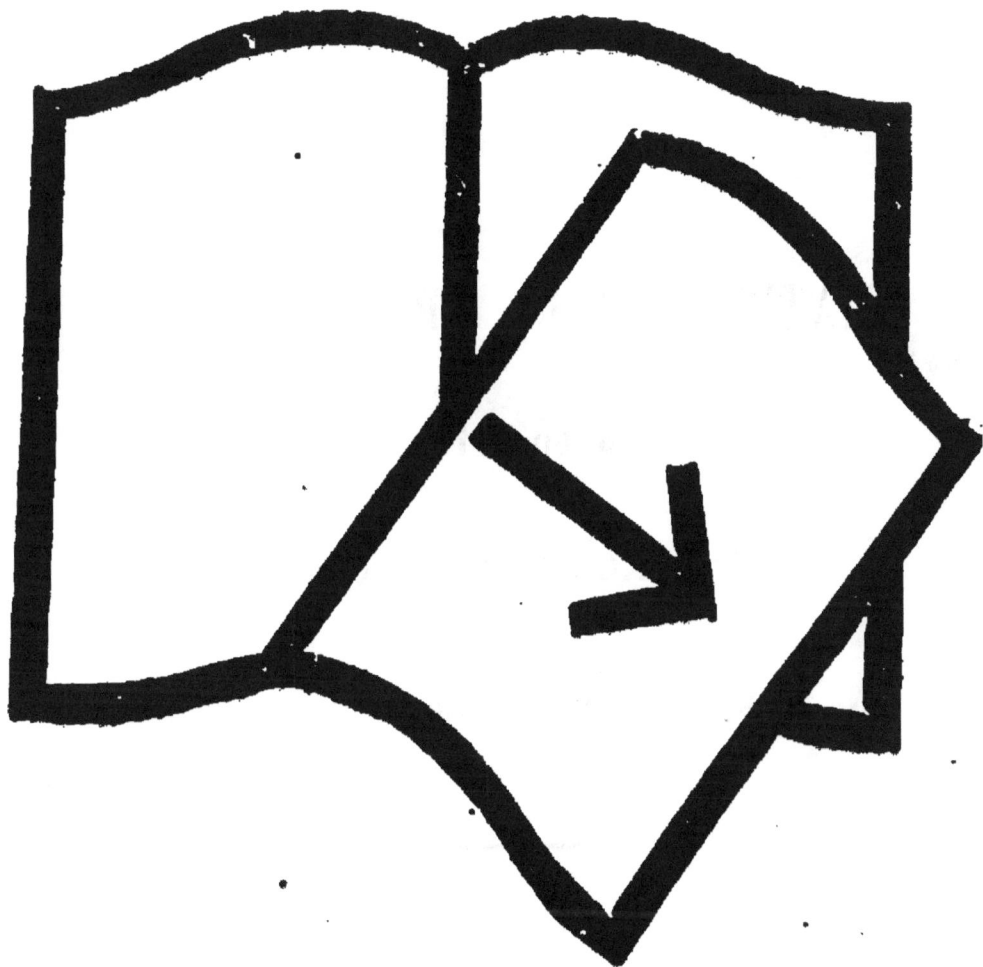

Couvertures supérieure et inférieure
manquantes.

STATISTIQUE DU BRIANÇONNAIS

en 1747

PAR ROUX-LA-CROIX

JUGE DES FERMES DU ROI A BRIANÇON.

STATISTIQUE

DU

BRIANÇONNAIS

EN 1747

PAR ROUX-LA-CROIX

Juge des Fermes du Roi a Briançon

PUBLIÉE

Par J. ROMAN

Correspondant du Ministère de l'Instruction publique.

———⋈———

GAP

JOUGLARD, IMPRIMEUR DE LA SOCIÉTÉ D'ÉTUDES

—

1892.

STATISTIQUE DU BRIANÇONNAIS

en 1747

Par ROUX-LA-CROIX

JUGE DES FERMES DU ROI A BRIANÇON.

J'ai trouvé dernièrement dans de vieux papiers la lettre suivante de Vallon-Corso, adressée à un inconnu :

« Monsieur, j'ai l'honneur de vous remercier très humblement de l'accueil dont il vous a plû d'honnorer mon fils, ainsi que de la note sur l'histoire manuscrite du Dauphiné par feu M. Juvénis, que vous avez eu la complaisance de lui remettre. Depuis M. de Condorcet[1], nous avions scû à Gap que cet ouvrage était dans la bibliothèque de M. l'Évêque de Carpentras[2], et comptant qu'il ne renfermerait que la première partie de l'Histoire du Dauphiné, puisqu'il doit finir en 1103, M. l'abbé de l'Isle, alors grand vicaire de Gap, dans un voyage qu'il fit à Aix, alla visiter la bibliothèque des Cordeliers de cette ville, pour scavoir si les mémoires cités par dom Martenne et le P. Lelong, ne contiendraient point le restant de l'ouvrage; mais il n'y trouva rien, ce qui fit présumer que M. Juvénis n'avait point eu le tems de finir son histoire, et que la partie qui est actuellement à Carpentras, avait été du tems de dom Martenne aux Cordeliers d'Aix, d'ou elle étoit passée, à M. le président de Mazaugues[3] et ensuite à M. d'Inguimberti. On était surpris que l'original de cet ouvrage étant ainsi perdu pour la province, il n'en fût resté aucun vestige dans la ville; mais il y a environ une année que M. de Revillasc de Montgardin, faisant des recherches dans ses papiers de la maison de Poligny, héritière de M. Juvénis[4],

---

[1] C'est-à-dire postérieurement à 1751.

[2] Mgr d'Inguimbert, bibliophile célèbre, qui légua en mourant son admirable bibliothèque à la ville de Carpentras où elle est encore.

[3] Le président de Thomassin de Mazauges.

[4] Charles de Revillasc avait épousé en 1731 Angélique de Poligny, dernière descendante de cette famille.

il y trouva enfin la minute de l'Histoire du Dauphiné, dont il fit présent à M. l'avocat Rochas[1]. Elle est par caïers détachés qui laissent quelques lacunes, mais, en échange, est continuée jusqu'au XIII° siècle, comme je l'ai appris du propriétaire. Il ne nous reste rien dans le païs des mémoires sur Gap cités par Chorier ; il y a lieu de croire que ce sont les instructions que M. Juvénis lui adressait pour son histoire, et dans lesquelles il parait s'être prévalu de la confiance de Chorier.

« A l'égard de l'Histoire des Alpes Cottiennes du P. Marcellin Fournier, dont il est parlé dans la note, et qui est souvent citée dans l'Histoire de Provence par Bouche, il est visible qu'elle serait utile à notre histoire et qu'elle doit se trouver dans la bibliothèque des Jésuites de Lyon et peut-être à Embrun, dont le P. Fournier était originaire. Mais on est obligé de se borner à de simples désirs au sujet des différentes recherches à faire pour l'histoire de la province, elles sont dispendieuses, et sans des secours tels que ceux dont il est parlé dans la note, il serait difficile d'y parvenir.

« Je crois cependant, Monsieur, que vous avez apris que toutes ces difficultés ne sont point capables de rebuter M. Roux-la-Croix, juge des fermes du roi à Briançon, qui nous promet une histoire générale du Dauphiné, à laquelle il travaille depuis quelques mois, et pour laquelle il a déjà demandé différentes instructions dans le Gapençais. Il y a beaucoup de courage à tenter une pareille entreprise que M. Juvénis, héritier des travaux et des lumières d'un autre Rémond Juvénis, son oncle, n'a pas eu le temps d'accomplir quoi qu'il soit mort dans un âge avancé et qu'il en fit toute son occupation[2].

---

[1] Dominique Rochas, auteur d'un travail manuscrit sur l'histoire de Gap. Ses descendants ont donné le manuscrit de Juvénis à la bibliothèque de Grenoble.

[2] Raymond Juvénis était petit fils d'un autre Raymond Juvénis; notaire à Gap en 1566. Son père se nommait Gaspard, et comme le dit Vallon-Corse, il eut un oncle nommé également Raymond, qui testa le 28 juin 1656. On ignorait qu'il se fut occupé d'histoire. Raymond, son neveu, ne mourut que le 7 juin 1705, c'est-à-dire près d'un demi-siècle après lui.

« Chorier, né avec des talents supérieurs, et infatigable
pour la lecture des anciens monuments, profitait des con-
naissances de M. de Boissieu; il avait l'entrée de la Chambre des comptes et les titres de la noblesse de la province
étaient sous ses yeux, cependant son histoire, estimable
en certaines parties, manque assez souvent d'exactitude,
les différents mémoires dont il a fait usage n'étaient point
également surs.

« Il est bien difficile à un seul particulier de remplir une
carrière aussi vaste; l'entreprise conviendrait à un corps
religieux ou à quelques personnes laborieuses qui vou-
draient s'associer sous quelque habile rédacteur. M. de
Fontanieu, intendant de la province, avait beaucoup tra-
vaillé sur cette matière; il avait des amples mémoires, et
peut-être même les avait-il déjà rédigés, puisqu'on m'a
assuré que M. Durand, controlleur des fermes à Briançon,
avait été chargé d'en faire la préface. Ce dernier avait
aussi rassemblé des matériaux qui étaient passés à
M. Brunet, seigneur de l'Argentière, d'ou peut-être sont-
ils parvenus à celui qui travaille actuellement à cette
histoire.

« Je remets sous ce pli la notte sur l'histoire de M. Juvénis
que vous avez bien voulu me faire passer, et aussi péné-
tré de reconnaissance qu'empressé de mériter votre pro-
tection, j'ai l'honneur d'être, avec un très profond respect,
Monsieur, votre très humble et très obéissant serviteur,

« VALLON. »

Le 20 août 1769.

Des divers historiens cités dans cette curieuse lettre,
nous connaissons le P. Fournier, et nous pouvons appré-
cier, maintenant que son histoire est publiée, la confiance
qu'il mérite et la valeur qu'il faut lui attribuer. Nous
connaissons également Brunet de l'Argentière par le mémoire sur les emphytéoses du Briançonnais qu'il a fait
imprimer de son vivant. Juvénis, quoique inédit encore,
peut être jugé par trois manuscrits qui existent de lui
dans les bibliothèques de Carpentras, de Grenoble et de
Gap. Les manuscrits de Fontanieu sont presque tous con-

servés à la Bibliothèque nationale où ils occupent une
place fort importante. On ne connaissait encore aucun
ouvrage de Durand et de Roux-la-Croix. Le mémoire suivant, conservé aux archives des affaires étrangères,
(France, n° 1561 pp. 258 à 263) comble cette lacune, du
moins en ce qui concerne le dernier de ces deux auteurs.

On remarquera que l'alinéa que Vallon-Corse a consacré
à Roux-la-Croix est d'un bout à l'autre un persiflage et
qu'il se moque très finement des projets de ce petit magis-
trat briançonnais qui ne connaît point d'obstacle, et
qui, sans archives, sans livres et probablement (sûrement
même) sans une instruction suffisante, ne craint pas de se
lancer dans une entreprise dans laquelle Fournier, Fontanieu, Chorier et Juvénis ont successivement échoué.
Vallon-Corse avait cent fois raison; l'histoire écrite par
Roux-la-Croix, n'aurait certainement rien valu, tandis
que la statistique du Briançonnais que l'on va lire est
l'œuvre d'un homme qui parle *de visu*, qui sait ce qu'il dit
et que l'on peut croire. Les renseignements qu'il donne
sont précis : la population, les bêtes de somme et de bou-
cherie, les forêts, le revenu en céréales, en foin, la principale occupation des habitants, les principaux passages
des montagnes, tous ces détails sont d'autant plus curieux
à connaître qu'on ne sait, pour la plupart, où les trouver
aujourd'hui. L'auteur y ajoute également quelques bribes
d'histoire et ne se trompe pas trop souvent.

Le manuscrit écrit sur de grandes pages *in-folio* d'une
écriture ramassée et désagréable à lire, ne brille ni par le
style, ni par l'orthographe. Il contient, en outre, une statistique semblable sur certaines vallées, jadis françaises,
mais depuis lors cédées au Piémont ; j'ai supprimé cette
seconde partie comme beaucoup moins intéressante pour
nous. Le reste est reproduit textuellement. J'y joint
quelques notes, mais en très petit nombre.

Je dois ajouter que de tous les historiens dont il est
question dans la lettre imprimée ci-dessus, le plus sérieux,
sans contredit, est encore l'auteur de la lettre lui-même,
et il est fort à regretter qu'il n'ait pas entrepris quelque
travail de longue haleine. Le peu qui nous reste de Vallon-

Corse montre qu'il connaissait les sources, les livres et avait un esprit très critique et très investigateur. Ce n'est pas que ses travaux soient parfaits, loin de là; pour en citer un exemple, les biographies des évêques de Gap, qu'il a écrites, sont généralement erronées et il n'est peut-être pas un seul prélat pour lequel il ne se soit trompé et sur son origine et sur les dates de son épiscopat. On doit reconnaitre cependant dans Vallon-Corse un écrivain possesseur d'une bonne méthode et qui eût pu mieux faire si ses occupations professionnelles lui avaient laissé assez de loisir.

J. ROMAN.

MÉMOIRE SUR LE BRIANÇONNAIS

A Monseigneur le marquis de Puyzieulx.

A Briançon, le 22 décembre 1747.

Monseigneur, souffrés que je présente à Votre Grandeur un ouvrage assez intéressant dans les circonstances présantes. Je raporte dans cet ouvrage par un détail circonstancié la description de Briançon et des communautés qui en dépendent, leurs distances, leurs productions de toutte espèce en foins, grains et bois; les vallées de Césanne, de Bardonnesche, d'Oulx, celle du Valcluson, de Château-Dauphin, et de Barcellonnette y sont traittées par rang. Il comprand un dénombrement des hommes de tout sexe, des chevaux, mulets, bêtes asines, bêtes à corne, la consommation nécessaire sur les lieux des foins, pailles, orges, avoines, bois et grains et ce qui peut être porté au magasin du roi pour la subsistance d'une armée. L'approbation, Monseigneur, dont Votre Grandeur a flatté jusques à présant ma plume, l'a engagé à cette nouvelle production que je vous présante sous la caution de M. de Châtauvillard[1], mon parent, et de M. de

___

[1] Bruno le Blanc de Camargues, sieur de Châteauvillard, né à Gap en 1710, d'une famille établie en cette ville au XVIe siècle, fut commissaire des guerres, puis trésorier général et mourut en 1772, directeur général des Invalides, après avoir fait une très belle fortune. Sa famille s'est

la Porte[1], intendant, mon protecteur. La misère, Monseigneur, dont je suis accablé par le fléau de la guerre, n'altère en rien mon activité à redoubler mon zèle dans les occasions ou Votre Grandeur le mettra à l'épreuve par quelque commission dont je ne me rendrai point indigne, sur le rapport de M. de Châteauvillard. Agréez, Monseigneur, que touchant au moment du renouvellement de l'année, je force un silence respectueux pour présenter à Votre Grandeur des vœux comme un tribut de mon devoir. J'ai l'honneur d'être avec un très profond respect, Monseigneur, vostre très humble, très obéissant serviteur.

Roux-la-Croix, juge des fermes.

Description sur le Briançonnais, suivant l'ordre des temps qui développe dans toutes les circonstances les motifs intéressants la France pour réunir à ses états les vallées cédées au delà des Alpes.

On croit qu'il est inutile de chercher dans l'obscurité des siècles les plus reculés tous les événements dignes d'une époque mémorable sur le Briançonnais, qui ont précédé le transport du Dauphiné au roy de France, comme fort indifférants au sujet que l'on veut traitter. On ne rapportera que ce qui a accompagné et suivi ce transport ou cette donation, en retraçant ses privilèges, ses usages, sa forme d'administration, son produit, ses revenus et ses charges. On donnera tous les éclairacisssements nécessaires par un détail circonstancié sur l'intérêt qu'à la France de réunir à ses états les vallées cédées au roy de Sardaigne par les raisons les plus solides, soit sur la situation des différentes parties qui le composent, soit sur le parallèle des avantages tant au dela qu'en deça des Alpes. Pour y parvenir avec succès, il n'est pas hors de propos de don-

---

éteinte en 1880 dans la personne du comte de Châteauvillard, on arrière petit-fils. Châteauvillard est le nom de la ferme possédée dans le quartier de Charance par M. le sénateur Cyprien Chaix, et ce nom lui vient de Jean du Villard, consul de Gap, anobli en 1603 à cause de son zèle pour le service du roi.

[1] P. J. Fr. de la Porte fut intendant en Dauphiné de 1711 à 1761.

ner provisoirement une légère idée sur le Dauphiné en
général.

DAUPHINÉ.

Le Dauphiné fut donné autrefois au roi Philip de Valois
par Humbert second à la condition que les fils ainés de
France porteraient le titre de Dauphin. Cette province se
divise en Haut et Bas ; le Bas-Dauphiné est un des beaux
cantons de France, et tout ce qui est de l'usage de la vie
y croît abondamment. Le Haut-Dauphiné quoique plein
de montagnes, est très habité et est fertile en grains et
en pâturages. Les Dauphinois ont de l'esprit, beaucoup
d'industrie et de valeur ; leur province, qui est une des
plus grandes et des plus nobles de France, a donné pour le
moins autant qu'aucune autre, des grands hommes à
l'Église et à l'État ; la vraie foy, les vertus civiles et militaires l'ont distingué depuis plusieurs siècles. C'est Monseigneur le duc de Chartres[1] qui en est le gouverneur.

Les villes qui se trouvent dans le Bas-Dauphiné sont
Vienne sur le Rhône, ville très ancienne et qui fut autrefois capitale d'une province sous les romains. Elle a même
été le séjour de quelques empereurs[2]. L'archevêque prend
le titre de primat des primats des Gaules. Saint-Maurice,
sa métropole, est une des plus belles églises de France[3].
La ville de Valence, évêché et université, celle de Romans,
de Montélimar, de Saint-Paul-Trois-Châteaux, sont encore
du Bas-Dauphiné ; cette dernière a un évêché.

Dans le Haut-Dauphiné on trouve Grenoble qui est la
capitale de toute la province. Cette ville a évêché, parlement, chambre des comptes, bureau des finances, bailliage
et intendance. Elle est située sur l'Isère. Les habitants

[1] Louis-Philippe, duc de Chartres, puis duc d'Orléans à la mort de
son père arrivée en 1752. Petit-fils du régent, il naquit à Paris le 12 mai
1725 et y mourut le 18 novembre 1785.

[2] L'auteur veut parler de Boson et de Louis l'aveugle, son fils et son
successeur (879-928).

[3] Il faut se tenir en garde contre les exagérations de l'auteur. Saint-
Maurice de Vienne est un monument assez médiocre, même dans le
midi de la France il en est qui lui sont forts supérieurs.

sont très affables et très polis. A cinq lieux (*sic*) de Grenoble on voit la Chartreuse, le Désert, si fameux par la
retraitte de saint Bruno. Die et Gap sont du Haut-Dauphiné, aussi bien qu'Embrun et Briançon. La ville d'Embrun est la capitale des Alpes-maritimes. Elle est divisée
en Haut et Bas-Embrunais. Elle est une des anciennes
métropoles des Gaules ; son archevêque, outre le titre de
prince d'Embrun, porte encore ceux de prince et de cham-
bellan du Saint-Empire. Les Dauphins, par dévotion, se
firent autrefois feudataires de l'église d'Embrun[1]. Nos rois
depuis Louis XI, ont eu une place d'honneur parmi les
chanoines de la métropole; Louis XIII passant par Embrun
assista au chapitre avec l'aumusse. L'église de Notre-
Dame a été autrefois fameuse par les miracles qui s'y sont
opérés et par le concours admirable de pélerins qui y
venaient de toutte part. Cette ville reçut de l'empereur
Néron la qualité de municipale ; son premier évêque fut
saint Marcellin dont la piété et le zèle revivent heureusement en la personne de celui qui la gouverne[2].

BRIANÇONOIS.

Le Briançonois dont les habitants sont animés d'un
véritable zèle pour les intérêts du Roi et de l'État, étoit
anciennement une principauté et le premier patrimoine
des Dauphins[3]. Ces princes avoient toujours conservé pour
cette partie du Dauphiné une affection particulière, par
préférance au reste de la province. Pour en donner des
marques[4], avant que de disposer de leurs états en faveur de

[1] Les Dauphins se déclarèrent vassaux de l'église d'Embrun surtout
pour consolider par cette concession un pouvoir récent et encore mal
établi. La dévotion parait d'autant plus étrangère à cet acte, que dès qu'ils
furent assez forts, il tentèrent par tous les moyens de l'anéantir.

[2] Bernardin-François Fouquet (1711-1707).

[3] Rien ne démontre que le Briançonnais ait été le premier patrimoine
des Dauphins ; ils possédaient cette seigneurie dès le Xe siècle, on ne
sait à quel titre, mais il est très probable qu'antérieurement ils avaient
des possessions dans le Viennois, entre autres le comté d'Albon dont ils
portèrent le titre depuis leur origine jusqu'à leur disparition.

[4] Ce n'est point par une affection particulière pour les Briançonnais
mais à cause des pressants besoins d'argent dont il était toujours assailli,

la couronne de France, Humbert second, le dernier de ces
princes, abandonna par transaction au Briançonois tous
ses droits seigneuriaux et autres privilèges, moyennant
douze mille florins d'or qui furent paiés comptant, outre
une redevance annuelle de quatre milles ducats, évalués à
treize milles quatre cents trente trois livres deux sols, qui
depuis, par le traité d'Outrec[1] furent réduittes à huit mille
quatre cents quatre vingt trois livres dix huit sols neuf
deniers, par raport à la réduction des deux tiers de ces
vallées[2] qui furent alors cédées au roi de Sardaigne.

Par le transport du Dauphiné et de la principauté du
Briançonois par titre de donation en faveur des rois de
France pour leurs fils ainés, les rois donataires et ses
(sic) successeurs ont toujours maintenu ce païs dans leurs
(sic) privilèges surtout Sa Majesté heureusement régnante.
Cette convention ainsi confirmée ne fut faite que dans
l'espoir d'entretenir le païs dans ses facultés, à charge et
condition expresses que lui et ses successeurs à la couronne ne pourroient alliéner ni démambrer aucune partie
desdits états sous quel prétexte et cause que ce put estre.
Or cette clause qui défand l'aliénation du Dauphiné en tout
ou en partie, doit regarder par préférance le Briançonois
plus proche et contigu au Piémont et à la Savoye, et dont
ce prince regardoit les habitants comme les fils ainés de
ses sujets. La principauté du Briançonois avant le traité
de paix fait à Outrec entre le Roi, la reine d'Angleterre, le
roy de Portugal, son altesse royale le duc de Savoye et
les états de Hollande, au moyen de leurs plénipotentiaires
y assemblés, étoit composé de cinquante communautés
divisées en trois bailliages et enclavées dans les plus
affreuses montagnes. Ces trois bailliages, qui ne formaient

qu'Humbert II accorda tant de privilèges à cette principauté, privilèges
qui lui étaient payés argent comptant. Douze mille florins d'or repré-
sentant environ deux millions à la puissance actuelle de l'argent.

[1] Traité d'Utrecht 2 avril 1713.

[2] Les vallées cédées à la Savoie en 1713, Bardonnèche, Oulx, Césanne,
etc., ne représentaient pas le tiers du Briançonnais; la concession des
cinq treizièmes de l'impôt qui fut fait au Briançonnais à cette occasion
fut un acte de pure bienveillance royale.

qu'un même corps avoient vingt trois lieux *(sic)* de circonférance; par leur union ils étoient de quelque considération et leur commerce s'étendoit pour lors, non seulement dans le Piémont, mais encore dans l'extrémité de
l'Italie. Cette principauté subsistoit par l'union qui en
faisoit toute la force, l'administration des intendants et
des généraux qui ont commandé sur la frontière et la
jalousie des voisins. Cette union formoit une société pour
suporter touttes les charges tant royales que locales en
corps; cette société parut si nécessaire et avantageuse à
l'État qu'elle fut autorisée par un édit d'Henry III [1] d'heureuse mémoire donné à Blois le 10 février 1557; elle fut
confirmée par plusieurs arrests qui donnèrent lieu à une
transaction intervenue en corps de païs, qui prononce que
l'on perdra en corps s'il n'y a point ou peu de remboursement de ce qui sera fourni au Roi, et que l'on profitera
par proportion si le remboursement est avantageux.
Cette union fut renouvellée et confirmée par un autre
arrest du conseil sous peine de désobéissance, avec
attribution de toutte cour et juridiction et connaissance
au seigneur intendant de la province. En vertu de
cette union, le païs, pour le soulagement commun, sup-
portoit en corps ,touttes les charges qui arrivoient sur
l'une ou sur l'autre des communautés et généralement
tout ce qui tomboit en dépense pour l'intérêt du Roi. A la
fin de chaque année on convoquoit dans la ville de Briançon une assemblée géneralle pour arrester ces sortes de
despences, en faire un réglement sur le corps, pour fixer
le prix de chaque denrée et espèce qui avoit été fournie
aux troupes de Sa Majesté. Cette fixation ou le taux étoit
réglé du consentement du corps, sans aucune distinction
ni différance entre les communautés [2]. Cette principauté
pouvoit s'assembler quand bon lui samblait et faire touttes

[1] Lisez: Henri II.

[2] Cette sorte de société de secours mutuels des communautés Brian-
çonnaises est une institution aussi intéressance que peu connue. Les réunions de l'écarton passaient jusqu'à ce jour pour des réunions administra-
tives et pour ainsi dire politiques; plus pratiques les citoyens du
Briançonnais s'étaient contentés d'en faire une réunion d'affaires.

impositions sur elle sans aucune permission de justice. Cette principauté étoit en usage de comprandre dans un seul et mesme rolle les sommes qui doivent être portées au Roi et celles qu'elle destine pour ses dépances particulières, suivant ses besoins. Les rolles de tailles devenoient une créance particulière aux consuls qui en font les avances, ils les prénent en remboursement après leur compte rendu chaque année, soit pour l'acquittement de leurs avances et de celles des parties prenantes, qui sont celles qui soufrent les logements ou qui font les fournitures[1] ; lesdits rolles ne deviennent exécutoires et ne sont mis en recette qu'après un décret mis au bas d'iceux par messieurs les officiers de l'élection de Gap.

Cette principauté a conservé la faculté d'élire et nommer des consuls, sindics, procureurs, manliers[2] et tous autres officiers municipaux pour touttes leurs affaires, sans limitation ni réserve, des secrétaires et greffiers, des receveurs et collecteurs de leurs (sic) tailles et de tous autres deniers qu'elle trouvoit à propos de lever sur elle pour furnir (sic) aux dépances qui regardent le service du Roi, pour le passage de ses armées en Italie, quartiers d'hiver, maintien des chemins libres pendant que la terre est couverte de glaces et de neiges. Cette principauté a toujours été exceptée des créations de nouvelles charges municipales ; cette exemption a eu pour fondement les douze milles florins d'or et les quatre milles ducats de panlion annuelle.

La justice qui s'y exerce apartenoit anciennement aux Dauphins à cause de leur souveraineté ; le bailliage étoit alors, comme à présent, composé de six officiers, savoir

---

[1] C'est-à-dire que toutes les dépenses d'un intérêt général : impôt, avances aux troupes et leur logement, étaient réunies dans un état unique ; les consuls des communautés en faisaient l'avance, sauf à les répartir sur chaque contribuable et à payer au contraire ceux qui avaient fait les avances. S'il y avait des remboursements de la part du roi, ils venaient en déduction des charges de l'année suivante.

[2] Ce mot m'est absolument inconnu, je n'en ai trouvé l'explication dans aucun dictionnaire.

le vibaillif, le lieutenant particulier, deux assesseurs, un avocat et un procureur du roi[1]. Ce bailliage fust établi par les Dauphins en cour delphinale briançonnoise tant au dela qu'en deça des Alpes; depuis le transport du Dauphiné il fut qualifié cour royale delphinale du premier ressort. Excepté Chaumont, Barionnesche et Neuvache qui avaient leurs seigneurs et juges particuliers ressortissant par appel au vice-baillif de Briançon qui est juge naturel de tout le territoire.

Avant mil six cents quatre vingt sept le même juge alloit tenir se. assises dans les villes, par rapport à l'affreuse situation des chemins et la modicité des patrimoines; il étoit ordonné aux communautés à l'entrée de cháque châtellanie[2] de faire accompagner leurs juges par cinquantes hommes armés, pour la seureté de sa personne, mais cet usage fut aboli par les troubles de la guerre.

Briançon étoit l'entrepot des draperies du Dauphiné et du Languedoc; on profitoit beaucoup en vendant en gros aux marchands piémontais et italiens, mais depuis que le roi de Sardaigne a établi des manufactures dans ses états, que pour les favoriser il a imposé de gros droits ou défendu l'entrée, le commerce est totalement tombé.

Ce continant[3] de païs situé tant au dela qu'en deça des Alpes, a tousjours subsisté par sa sobreté (sic), son économie; plus de deux milles hommes sortent tous les hivers de ces cantons pour aller à la peigne du chanvre en Italie ou dans les différentes provinces du royaume, ils épargoient leur nourriture chez eux pendant six mois de l'année que la terre n'a pas besoin de culture. Outre cette épargne, à leur retour ils aportoient pour paier leurs impositions. Ce commerce, qu'on peut apeller industrie,

---

[1] Il n'est pas possible que le nombre des magistrats fut le même au moyen âge qu'au XVIIIe siècle; au moyen-âge on se servait de jurés dans les tribunaux, usage excellent disparu au XVe siècle.

[2] Il y avait trois châtellenies en Briançonnais depuis le traité d'Utrecht Briançon, Valbuise, Queyras.

[3] Ce mot impropre est employé plusieurs fois par l'auteur dans le sens de territoire.

est entièrement perdu, parce qu'il s'est établi partout des peigneurs de chanvre qui résident et font le travail[1].

Les mœurs, le caractère et la religion de ce peuple ont dégénéré de leurs principes. Le Valcluson a été beaucoup infesté par la fatale hérésie de Pierre Valdo, de Lion. On a veu qu'à la révocation de l'édit de Nantes les principaux chefs se sont transportés à Genève ou à Amsterdam, capitale de la Zélande, avec leurs biens, évalués à plus de dix millions[2]. Les vallées d'Oulx, de Césanne et de Bardonnesche ont été plus fermes dans leurs créances. Le Briançonnois en deçà des Alpes avoit quelques cantons qui avoient été attaqués par cette secte, mais ils en sont entièrement purgés. La sobreté (sic), l'économie, la bonne foi et la fidélité sont la règle de leur conduite et de leur vie[3]. Ce peuple étoit toujours pret à tout entreprendre pour le service du Roi; ce zéle est dans le riche comme dans le pauvre, dans le jeune comme dans le vieux et dans les deux sexes également. Cette justice leur est due en plusieurs occasions. Ils en ont donné des marques en fournissant les gardes nécessaires à Sallabertrand, bourg situé dans les vallées cédées, pour empêcher l'entrée des Barbets venant de la montagne de Savoye[4]. Que n'a pas fait le peuple sur les hauteurs des Quatre-dents, les frontières de Luserne et de Saint-Germain pour arrêter les progrés de l'ennemi dans la vallée de Prajelat? Quel progrés n'a-t-il pas fait sous les ordres de nosseigneurs les mareschaux de Catinat, de Vendome, de Bervic et de Villars, sur les cols d'Isoire, du Bourget, des Ayes et de la Pérouse pour mettre à couvert cette frontière de toute incursion? Quel

---

[1] Lorsque l'industrie des peigneurs de chanvre fut devenue inutile, les Briançonnais le remplacèrent par le colportage de la mercerie, des fromages, des draps grossiers, de la librairie, bien autrement rémunérateur que la peignée du chanvre.

[2] L'exagération est évidente; loin de trouver dix millions en numéraire en 1685 dans le Valcluson on ne les eut pas trouvés dans ce qui représente le département des Hautes-Alpes tout entier.

[3] Cet éloge n'est pas exagéré. Il y a peu d'années encore les colporteurs Briançonnais prenaient à crédit leurs marchandises et il n'y avait pas d'exemple qu'ils abusassent de la confiance des fabriquants.

[4] En 1692.

(sic) n'a pas été l'ardeur de son zèle en fournissant, non seulement tout ce qui étoit en leur pouvoir, mais encore en portant sur le dos, eux, leurs femmes et leurs enfants, au défaut des mulets, des vivres, le pain, le fourage et tout ce qui étoit nécessaire aux troupes du Roi dans son enceinte? N'a-t-il pas fait au dela de ses forces lors de la levée du siège de Turin? Mrs de Châteauvillard et de Rochas[1] ont été témoins de cette vérité et de ce zèle pour le service[2].

Pour parler avec netteté et méthode des différentes communautés, tant au dela qu'en deça des Alpes, qui composent cette principauté, il faut commencer par celles qui forment le gouvernement de Briançon, qui a conservé en tout point ses anciens usages, privilèges et immunités.

BRIANÇON.

Briançon, la plus haute ville de l'Europe[3], est également recommandable par son ancienneté, par sa force et par les grands hommes qu'elle a produit, ne fusse *(sic)* que le fameux Horonce Fine, l'ornement de son siècle, la gloire et la lumière des plus grands hommes par son histoire du blason (Horonce Fine de Brianville, l'abé de Pontivi, l'abé de Clermaré, de la même famille)[4].

[1] François Rochas (écrit quelquefois de Rochas); il était fils d'Étienne Rochas, et entra dans l'administration de l'armée, il fut conseiller du roi, commissaire aux revues et épousa le 6 octobre 1700 Gabrielle Bonnet. Il mourut sans postérité.

[2] Rien n'est plus exact que cette appréciation de l'auteur sur les services militaires rendus pendant les XVIIe et XVIIIe siècles par les Briançonnais; son style ordinairement si plat, s'élève ici à une certaine énergie produite par le légitime orgueil de son patriotisme.

[3] L'auteur l'ignore aussi bien que moi, c'est une enquête qui n'a peutêtre pas encore été faite.

[4] Le plus illustre des membres de cette famille Fine est Oronce Fine, mathématicien et auteur de nombreux ouvrages (1494-1555); Oronce Fine, le premier dont parle Roux-la-Croix, dit de Brianville (ou de Briançon), a fait quelques livres sur l'art héraldique (v. 1616-1674); les éloges que lui décerne l'auteur sont très exagérés. Enfin le troisième Oronce Fine, abbé de Pontivi, est surtout connu par un très beau portrait peint par Rigaud qui a été gravé par Drevet.

Cette ville périt dans l'incendie général du 26 janvier 1692[1] ; elle fut placée et rebatie d'une manière également régulière que (sic) solide. Cette ville est petite ; elle est très peuplée et très commerçante ; elle est assise sur un rocher éminant limitrofe à cinq hameaux qui en dépandent, le Pont de Cervière, Saint-Blaise, Fontenils, Fontchrestianne et Foreville.

Le traité de paix fait à Outrec a rendu cette ville la clef du royaume du costé de l'Italie. Cette importante place ne peut plus guère compter pour sa défanse que sur la force des murailles ou plutôt sur celles des forts qui la soutiennent. A la droite du côté du Piémont on trouve le fort des Salettes, très ancien, qui domine sur les vallées des Prés, de la Vachette et du Mont-Genèvre. A la gauche on trouve un château existant avant la cession du Dauphiné à la France, actuellement détruit, qui ne peut servir que de plate-forme. Au dessus du mesme cotté on trouve les Têtes, le Randouillet et le Point du Jour, qui défandent la ville, la Vachette et les environs de la place. Monseigneur le mareschal de Vauban en dressa le plan en 1700[2].

On entre dans ces trois derniers forts par un pont de communication assis sur deux montagnes, séparé par la Durance, placé au bas de la ville, dont la situation au bas des forts est inexpugnable par sa position, par la situation de la ville et par les fortifications qui le dominent et le rendent imprenable. Le plan fut dressé par M. le mareschal d'Asphel[3].

Briançon n'a été érigé en grand gouvernement qu'en 1692 ; jusques alors la discipline de cette place de guerre étoit du ressort de Monseigneur le duc de Lesdiguières,

[1] Un premier incendie avait détruit Briançon le 1er décembre 1624.

[2] Une médaille immortalisa la cr'ation de ces forts, en voici la description : LVDOVICVS XV. D. G. FRAN. ET NAV. REX, buste du roi lauré et cuirassé, tourné à droite. ℞. TVTELA FINIVM. Plan des forts des Trois-Têtes et de Randouillet, reliés par un pont. Entre eux le hameau de Fontchristiane. Exergue : ARX BRIGANTIONE CONDITA. PHILIPPO REGENTE. M. DCC. XXII.

[3] Claude-François Bidal, marquis d'Asfeld, maréchal de France, né le 2 juillet 1667, mort le 5 mars 1743. Son tombeau orné de son médaillon, est conservé dans l'église Saint-Roch à Paris.

pair de France, gouverneur et lieutenant général pour le roi en Dauphiné. Il nomma le 1er août 1653 pour son lieutenant au gouvernement de Briançon, François du Prat, officier au régiment de Normandie, avec brevet de survivance à sa postérité (Balthazard du Prat fust béatifié en 1570 après avoir souffert un cruel martire). M. de Bonés succédat à M. du Prat[1].

Cette ville a quatre portes dont l'investissement est moralement[2] impossible; elle n'a proprement qu'une rue fort rapide et presque impraticable pendant l'hiver; mais les maisons y sont fort régulières. Cette place de guerre a un rocher qui en couvre la gauche, des fossés, remparts et demi-lunes qui en couvre la droite, un corps de caserne placé dans le centre pour deux bataillons complets, trois fontaines dont la source pourroit être coupée, mais un pui sur la Place aux armes, intarissable.

Deux cents quarante cinq maisons forment l'enceinte de la ville; dans le centre règne l'église paroissiale, commencée en 1703 et finie en 1719, sans contredit la plus vaste, la plus régulière et la plus belle du Dauphiné[3]. Cette paroisse est actuellement servi (sic) par un curé, un vicaire et cinq ecclésiastiques des hameaux, sous l'attente d'une collégiale, à la faveur de la réunion des fonds ecclésiastiques qui y sont situé (sic), au nombre de trois chanoines[4].

[1] La famille du Prat était alliée à celle des Roux-la-Croix, ce qui explique ce petit article. Balthazard du Prat ne fut pas béatifié, mais il mourut à Nîmes en 1570 tué par les protestants dans le massacre de la Michelade. Quant à François du Prat, il ne fut pas lieutenant au gouvernement de Briançon, mais sergent-major, et fut nommé en 1655 et non en 1653. Il succéda à Jean Prudhomme dans cette charge.

[2] Ces quatre portes étaient celles du Temple, du Roc, du Château et Méane. Je ne me charge pas d'expliquer ce que peut être un investissement moralement impossible.

[3] Cette église consacrée en 1726 eut Vauban pour architecte. Quoiqu'en dise Roux-la-Croix elle n'a aucun mérite architectural et il ne manque pas en Dauphiné d'églises plus remarquables à commencer par celles d'Embrun, de Grenoble, de St-Antoine, de Vienne, de Romans, de Bourgoin, de Valence etc., etc.

[4] Cette collégiale composée de trois chanoines, dont le prévôt était curé, fut créée par ordonnance de 1716 et fut établie en 1717.

Trois monastères sont enclavés dans l'enceinte de la ville : le premier destiné pour les Recolets dont les sujets sont emploiés à l'aumonerie des forts et des hopitaux ; le second pour les Frères mineurs conventuels de saint François, uniquement occupés à consommer leurs rantes ; le troisième sert aux dames religieuses de Sainte-Ursule, si pauvres qu'il leur est deffandu de reçevoir des nouveaux sujets. Il seroit fort aisé d'achepter les biens des Cordeliers pour les apliquer à M⁺ˢ les Jésuites. Cet expédiant présante un collége, une maison, une église et des revenus pour leur entretien. Les frères préscheurs sont placé hors de l'enceinte et ne sont d'aucune utilité à la ville.[1]

Il seroit à propos, pour lustrer cette place frontière de trois provinces, et pour l'éducation des enfants du païs et l'estranger, d'y transporter la mission de Fenestrelles, parce que la vraie politique ne veut point qu'on laisse sortir l'argent du royaume pour servir à la nourriture et à l'entretien des sujets étrangers. C'est sur ce motif que le roi Louis le Grand, d'heureuse mémoire, fondat le collége de Grenoble, et qu'il lui attribuat la partie des rentes et des revenus qu'il avoit mis à Pignerol lorsqu'il le quitta. Cette mission dotée par Monseigneur le prince de Conti, entretient treze sujets par les revenus qu'elle tire des colléges de Grenoble, de Valence et d'Embrun ; ces sujets sont piemontais ou italiens. Or comme il est du vrai bien de l'État d'arrester, non seulement la dévastation du peuple Briançonnois, mais encore de lui procurer les secours nécessaires pour élever une jeunesse assez nombreuse, il n'est point douteux que le petit continant du païs ne receut un avantage considérable par le transport de cette mission. On lui accorderoit en supplément l'aumonerie des confrères pénitants et leur maison pour y former un collége, les gages des maitres d'école de toute la vallée, les rétributions de l'avant, du caresme et de la dominicalle,

¹ Les *Recollets*, fondés en 1642, furent supprimés en 1782. — Les *Cordeliers* ou frères mineurs, fondés en 1300, existaient encore en 1789. — Les *Ursulines*, fondées en 1642, et les *Dominicains*, ou frères préscheurs, fondés en 1624, existaient également en 1789.

le bois nécessaire, et bien d'autres libéralités qu'on ne pourroit refuser à leurs travaux, en manière que le païs les rendroit fort aisés[1].

Il est encore à propos d'observer que le roi de Sardaigne, dans la crainte, sans doute, de restituer à la France les vallées au dela du Mont-Genèvre, a projetté de réunir la prévoté de Saint-Laurans d'Oulx à l'abaïe de Pignerol vacante depuis longues années, actuellement érigée en évesché, ou il veut faire transporter les archives, les ornemants et les cloches de la prévoté[2]. Les douze chanoines réguliers de saint Augustin qui y résidoient doivent estre sécularisés par cete réunion à cinq cents livres de pantion, monnoye de Piémont, avec faculté de les consommer à Suze. Il seroit à propos d'apliquer ces pantions à des sujets français, puisqu'elles ne se tirent que des biens qu'ils ont situés dans le Briançonnois, tant au dela qu'en deça des Alpes. Ces sujets pourroient résider dans cette ville pour la lustrer.

On trouve encore dans la ville un hôpital général dont le principal revenu consistent dans les charités publiques, qui reçoit le regnicole comme l'étranger, les pèlerins de toutte nation et par préférance les pauvres familles du païs. Les secours qu'on y reçoit sont miraculeux et la direction de cette maison de charité est très bien disciplinée.

On voit encore hors de l'enceinte de la ville un hôpital royal, établi depuis mil sept cents treize sous les soins d'un médecin, d'un chirurgien major et d'un controlleur. L'intérieur et l'extérieur de cette maison royalle méritent des attentions pour la propreté des salles destinées à cha-

---

[1] Sans doute la création d'un collége à Briançon eut été utile, mais l'auteur du mémoire taille dans le grand en proposant de lui donner les biens des confréries des pénitents et les gages de tous les maitres d'école de la vallée, c'est-à-dire en disposant des propriétés légitimes des libres associations de citoyens ou des ressources indispensables à l'éducation des enfants du peuple.

[2] Ce projet du roi de Sardaigne fut conduit à bonne fin et l'évêque de Pignerol et l'abbé d'Oulx n'étaient plus en 1789 qu'un seul et même individu.

que espéce de maladie, la bonté des alimants en pain, vin
et viande, la composition des médicamants nécessaires qui
doivent se trouver dans la farmacie, la fidélité d'un entrepreneur, la netteté des draps, couvertures et paillasses,
la vigilance des infirmiers, la fidélité des régistres mor-
tuaires et dans le reçu des billets d'entrée et de sortie des
malades tant pour l'intérest du Roi et de l'État que pour la
conservation de ses sujets.

Ce petit continant de païs qui sert de limite et de boule-
var aux ennemis de l'État est placé sur une terre ingratte
en tout point; son terrain est difficilement cultivé, par les
torrants, les ravines, les gelées et les sécheresses qui
enlévent une partie de la subsistance des habitants. La
production ne consiste qu'en seigles, en avoines, orges,
fourrages, point de vins ni fruits.

La Durance qui prend sa source au Mont-Genèvre et la
Guisanne au bas du Lautaret, arrosent le territoire de
Briançon par le moyen de deux canaux construits sous
les ordres des princes Dauphins et entretenus à grands
frais par¹ les torrants qui les traversent. Ces rivières ne
porte ni barques ni battaus. C'est la Guisanne qui se jette
dans la Durance à une demi lieue de la ville; elle fournit
un canal qui régne dans son centre, dont la prise est éloigné de deux lieux (sic). Ce canal contribue à la propreté
des rues et sert à prévenir les accidents du feu auxquels
la ville est uniquement exposée².

La police pour les foires et marchés, pour la liberté du
commerce et pour abolir les monopoles, est uniquement
réservée aux consuls et officiers municipaux. Le conseil
de l'hôtel de ville est composé de quatre vingt dix conseil-
lers et de trois consuls dont l'autorité finit avec l'année.
On y voit dans le bureau par une marque de prédilection
et de préférance des héritiers de feu Monseigneur d'Angervilliers, le portrait de cet illustre ministre placé depuis

¹ Lisez : à cause des.
² C'est le canal Gaillard, qui est dérivé de la Guisane dans la paroisse
de Saint-Chaffrey. Il existe au moins depuis le XIIIᵉ siècle d'après des
chartes authentiques.

mil sept cents quarante un par la main libérale de Madame la marquise de Ruffec sa fille[1].

Briançon est donc le lieu principal environné des plus affreuses montagnes ; son bassin est fort droit[2]. La garnison qu'on y place est un moyen bien victorieux pour la subsistance des habitants dont le caractère principal est la sobreté (sic) et l'économie. Les jurisdictions des traittes et des gabelles y sont encore établies.

A la gauche de la ville on trouve le col de l'Infernet qui par sa position mérite l'attantion de la France ; ce col domine les fortifications. L'ennemi peut y entrer par Bousson et le Mont-Genèvre ; les retranchements qu'on y a construits sont d'une précaution bien prudente, mais ils ne peuvent estre que provisionnels[3] parce qu'ils ne sauroient résister à la rigueur de l'hiver. On présume qu'à la paix on y construira une redoutte en maçonnerie à toutte épreuve.

La communauté de Briançon a quelques fourages et paturages, tant sur la hauteur que dans la plaine ; les foins se coupent deux fois, le premier se fauche à la mi-juillet et le second à la mi-octobre. Cet usage est dans toutte l'étandue du territoire. Le produit du premier foin peut porter annuellement à six mille quaintaux ; le second ne peut soufrir aucune voiture, il ne sert qu'à mesler la

---

[1] Nicolas-Prosper Bavyn, seigneur d'Angervilliers, fils de Prosper Bavyn, fermier général, et de Gabrielle Choart de Buzenval, fut d'abord nommé conseiller au parlement de Paris le 27 août 1692, fut ensuite maitre des requêtes (1697), intendant en Dauphiné (1709), conseiller d'état (1720), intendant de Paris (1725), secrétaire d'état (1728), ministre (1730). Il épousa le 11 juin 1694 Marie-Anne de Maupeou et mourut en 1740, ne laissant qu'une fille Marie-Jeanne-Louise qui épousa en premières noces Jean René de Longueil, et en deuxièmes, le 22 janvier 1733, Armand-Jean de Rouvroy-Saint-Simon, marquis de Ruffec. C'est la donatrice du beau portrait qui existe encore dans la mairie de Briançon. Ce tableau, qui demanderait à être restauré avec soin, a été attribué à Rigaud, mais ce peintre ne peut en être l'auteur car son livre de raison, conservé à la Bibliothèque de l'Institut et qui énumère tous les portraits qu'il a exécutés de 1696 à 1741 ne parle pas d'un portrait d'Angervilliers.

[2] Traduisez : en pente.

[3] Traduisez : provisoires.

paille[1] dont la consommation se fait sur les lieux tant pour entretenir le commerce de leurs bestiaux que pour engraisser leurs fonds.

Cette ville et communauté peut avoir deux milles hommes tant jeunes que vieux, dont la moitié est fort en état de prendre les armes pour les biens du service.

Le produit en seigles, froments, orges et avoines peut être évalué à quinze milles sestiers, mais il n'est pas suffisant pour nourrir le peuple qui l'habite au nombre de plus de quatre milles ames.

Cette communauté a des bois essance de pin, sapin et mélèse, entrecoupés par des rochers inaccessibles, remplis de précipices et la plus part perpendiculairement au-dessus de leurs villages et de leurs terres. Les habitants pour leur chaufage ne peuvent faire leur coupe qu'en jardinant et avec beaucoup de précaution pour éviter les torrants et coulées de neiges qui submergeroient leurs villages en entier. Cette communauté possède six cents arpents[2] de bois de sapin, suivant l'arpentage constaté par le cadastre ; la consomation s'en fait sur les lieux par ce qu'ils n'en ont point de propres pour le service de la marine; outre la difficulté du transport et la rigueur de la police qui leur en défand le commerce avec leurs voisins, ils sont hors d'état d'en faire aucune fourniture pour la garnison de la place.

Les droits d'octroi n'ont jamais été perçus dans la ville et communauté de Briançon pour favoriser la liberté du commerce, en conformité de la transaction du prince Dauphin. Cette faculté et franchise est générale dans le Briançonnais. Il n'y a non plus aucun droit de bannalité de moulins, fours et pressoirs, parce que c'est un païs franc qui ne reconnoit d'autre seigneur que le Roi. Les moulins, fours et pressoirs sont au contraire au profit des

---

[1] Traduisez : *qu'à être mêlé avec la paille.*

[2] L'arpent variait beaucoup suivant les provinces, mais comme cette mesure agraire n'était pas en usage dans nos contrées, il s'agit évidemment ici de la mesure commune que l'administration des forêts avait adoptée pour mesurer tous les bois du royaume, c'est-à-dire de l'arpent de 5.107 mètres 20 cent. carrés. Deux arpents faisaient donc un hectare deux ares et une fraction.

habitants qui les ont fait construire. Les habitants sont déclarés francs bourgeois, et dans la prestation de l'hommage, ils baisent l'anneau du président de la Chambre des comptes par distinctions des autres roturiers qui baisent le poulce.

Les revenus patrimoniaux de la ville consistent en trois hefs : 1° en la ferme des lards ; 2° dans le poids commun ; 3° dans le colportage¹, qui peuvent être évalué par année à seize cents livres qui sont emploiés pour l'acquitement des charges locales et autres impositions pour le service du Roi et besoins particuliers. Les charges locales sont le logement de l'état-major, des officiers ou soldats en garnison ou en passage. Les logements des officiers sont réglés par proportion des grades ; ils sont paiés aux habitants par le païs en corps par le moyen d'un des consuls de la ville qui en a le rolle. La dixme deue à messieurs les chanoines de la prévoté de Saint-Laurans d'Oulx, la portion congrue du curé, la rétribution du vicaire et des cinq prêtres desservants la paroisse, la réparation de la maison curiale, les rétributions du prédicateur, marguillier, luminaire, sonneur, entretien de l'église parroissiale et de ses ornemants, les gages des maîtres d'école, fontanier, entretien des fontaines, ramoneurs, réparation annuelle des ponts particuliers, réparation des grands chemins, des canaux, gages des valets de ville, leur entretien, ceux du secrétaire, touttes ces charges portent annuellement à plus de six milles livres, outre les deniers qu'il faut porter au Roi, en manière que les charges excèdent de beaucoup les revenus particuliers de ladite ville. Les charges de cette nature pour la généralité du païs portent à plus de quarante mille livres que le païs s'impose pour le bien de l'État².

¹ Le premier droit était évidemment un droit d'octroi sur les porcs tués dans la paroisse, le second un droit de poids banal, le troisième doit être identifié avec un droit de transit imposé sur toutes les marchandises traversant la paroisse.

² Il faut remarquer toutefois que quelques unes de ces dépenses si considérables n'avaient lieu qu'en temps de guerre, et que le roi en remboursait la plus grande partie ; le pays en faisait seulement l'avance.

. Briançon est le lieu d'entrepot pour les différants magasins nécessaires au service d'une armée, en munition de
guerre et de bouche, foin, paille, orges, avoine, grains,
légumes, vins et eau de vie, matelas, paillasses et couvertures, et pour le parc de l'artillerie. Les couvants des
religieux sont d'un grand secours pour les entrepots. Les
communautés voisines y font les transports à dos de mulets, chevaux ou bêtes asines par défaut de bœufs et de
chariots. La communauté de Briançon a un plus grand
nombre de moulins particuliers qui sont très utiles au
service d'une armée.

Le gouvernement de Briançon, que l'on nomme vulgai-
rement l'écarton, renferme douze communautés qui ont
quatre lieux *(sic)* de circonférance, en y comprenant
Briançon et ses hameaux. Les communautés qui en dépendent sont, du costé du Lautaret, montagne placée dans la
petite route de Grenoble, dépendant de la vallée d'Oisans,
le Monnetier, la Salle, Saint-Chaffrei ; du costé du Piémont
le Mont-Genèvre et Neuvache ; par la route du Queyras
on trouve Cervières ; du costé de Provance, à la gauche
on trouve Villard-Saint-Pancrace, Saint-Martin-de-Quei-
rières, qui s'étand jusqu'à la Bessée-Basse qui fait l'entrée
du Haut-Embrunais ; à la droitte on trouve le Pui de Saint-
Pierre, le Pui de Saint-André et Vallouise. On traittera de
chacune de ces communautés en particulier.

SAINT-CHAFFREI ET LA SALLE.

Les communautés de Saint-Chaffrei et de la Salle ne
sont éloignées que d'une lieux *(sic)* de la ville, et l'une de
l'autre d'une demi-lieux. On y établit ordinairement, dans
le cas ou il y a un camp volant ou des troupes en çanton-
nement[1]. Elles ne sont point abondantes en fourrages ; le
produit du premier foin peut être évalué aux environs de
douze cents quintaux ; le transport en est fort aisé et se
fait en tout tems. Saint-Chaffrey possède quatre cents
arpans de bois et la Salle deux cents quatrevingt, dont la

---

[1] Encore une phrase boiteuse ; l'auteur ne dit pas ce qu'on établit. Ce
sont probablement des fours et des dépôts de vivres et munitions.

police pour la conservation est très sévère. Le produit en
grains de toutte espèce peut porter pour les deux communautés à dix mille quintaux qui ne suffisent pas pour la
nourriture de trois mille ames. Quinze cents hommes tant
jeunes que vieux en peuvent faire le fond ; il y en a six
cents en état de porter les armes[1].

LE MONNÉTIER.

La communauté du Monnétier, éloignée de Briançon de
deux lieux *(sic)*, se trouve placée au bas de la montagne
du Lautaret. Le fourage est assez abondant dans cette
contrée glaciale ; le produit porte à plus de dix mille quintaux. La richesse des habitants consistent *(sic)* dans les paturages, qui favorisent leur commerce dans les fromages
et les bestiaux. Le transport du foin ne se peut faire dans
le chef-lieu que pendant sept mois de l'année que la terre
est découverte ; on peut y établir des magasins et des fours
pour les troupes en cantonnement et pour servir d'entrepot des fournitures qui viennent de la vallée d'Oisans.

Les habitants y sont fort commodés[2] par le commerce
qu'ils ont dans les provinces étrangères.

Cette communauté ne possède que deux cents cinquante
arpants de bois de sapin dont la coupe est fort difficile, et
ne sert point au chauffage de la garnison de la ville. Le
produit en grains, seigles, fromants, orges et avoines peut
être évalué à dix mille sestiers pour la subsistance de
quatre mille âmes. Le dénombrement des hommes tant
jeunes que vieux, porte à quinze cents, dont il y a cinq
cents en état de prendre les armes[3].

---

[1] Il y avait en 1831 à Saint-Chaffrey 1329 habitants et à la Salle 1187,
en tout 2506. La population a augmenté d'environ 300 âmes sur le siècle
dernier.

[2] Lisez: *accomodés.*

[3] Le Monétier possédait en 1831, 2.237 habitants, et cent habitants de
moins environ au commencement du XVIII° siècle. Il faut observer que
les dénombrements de population donnés par l'auteur paraissent souvent
exagérés et en contradiction avec les documents authentiques. C'est
ainsi que le Monétier n'a jamais eu 4.000 âmes de population.

Cette communauté confine au col de Buffère que l'on a retranché par précaution. On y a formé une communication aux autres différants cols qui peuvent servir de retraite[1]. L'ennemi peut y entrer par Bardonnesche en montant le col de l'Eschelle; ensuite il auroit pû faire des incursions dans les communautés du Monnétier, de la Salle et de Saint-Chaffrei et porter leurs *(sic)* contributions jusques aux portes de la ville.

On y trouve encore la montagne du Galibier qui est au bas du village de la Madeleine, qui forme la limite du Briançonnois. Cette montagne conduit dans la Savoye et est un passage à observer dans un tems de trouble.

LE MONT-GENÈVRE.

La communauté du Mont-Genèvre forme la limite de la France avec les vallées cédées ; c'est là que le roi de Sardaigne a placé un sentinelle *(sic)* qui examine nos projets et qui rompt souvant nos mesures pour leur exécution.

Cette communauté dont le terrain est fort glacial, n'est pas fertille ; elle peut cependant produire deux mille quintaux du premier foin. Les grains de toutte espèce en seigles, fromants, orges et avoines, peut *(sic)* estre évalués à quatre milles sestiers qui ne suffsent pas pour deux milles ames. Elle est éloignée de Briançon d'une grande lieux *(sic)*; elle possède huit cents arpants de bois de sapin qui n'est d'aucun revenu aux habitants. La voiture y est interdite pendant six mois.

Cette communauté renferme cinq cents hommes dont deux cents peuvent servir pour la défance du païs[2]. On y établit le parc d'artillerie lorsque la France veut ouvrir cette porte pour entrer dans l'Italie.

---

[1] En effet une fortification en pierres sèches borne les crêtes et les cols des montagnes de Briançon au Galibier, c'est-à-dire pen lant plus de quinze kilomètres. Cette fortification commencée par Lesdiguières à la fin du XVIᵉ siècle fut successivement augmentée jusqu'au XVIIIᵉ. Elle est désormais inutile mais très visible encore.

[2] La population du Mont-Genèvre était alors comptée avec celle du Val-des-Prés, ces deux communautés n'en faisant qu'une seule ; le total était au siècle dernier de 1100 âmes, il n'est plus maintenant que de 800.

NEUVACHE.

La communauté de Neuvache voisine le col de l'Eschelle, qui est enclavé dans les vallées cédées ; elle est
éloignée de deux lieux *(sic)* de Briançon.

Les différants cols qui se trouvent dans cette vallée lui
fournissent beaucoup de paturages et de bois. Le produit
du premier foin peut estre évalué aux environs de douze
mille quaintaux, dont le transport ne peut commancer
qu'à la fin du mois de may. Elle possède huit cents arpans
de bois de sapin qui contribue beaucoup au chaufage de la
garnison de la ville et des forts. Le produit en grains de
toutte espèce, en seigles, fromans, orges et avoines, peut
porter à quatre milles sestiers qui ne suffisent pas pour
douze cents ames. Le dénombrement des hommes, tant
jeunes que vieux, peut monter à cinq cents dont deux cents
sont en état de garder leurs postes[1].

On trouve dans cette vallée les cols de Granouil et de
Salès que l'on garde scrupuleusement, surtout dans un
temps critique et suspect, pour éviter les invasions du
voisin. On y *(sic)* fait aucun magasin d'aucune espèce pour
la subsistance d'une armée, parce qu'elle n'est pas le passage ordinaire des troupes.

CERVIÈRE.

La communauté de Cervière est limitrophe à une montagne placé *(sic)* dans une gorge impraticable pondant six
mois de l'année. A la droite on trouve le col d'Isoir qui
conduit dans la vallée de Queiras, et à la gauche la montagne du Bourget qui conduit à Bousson et de la dans la
vallée du Prajela en Piémont.

Cette communauté est éloignée d'une grande lieux *(sic)*
de Briançon ; elle est placée dans le fonds des Alpes gla-
ciales. Son commerce consiste dans les bestiaux et le fro-
mage, dont la bonté est partout renommée. Les hauteurs
qui la dominent sont très abondantes en foin et en avoines.

1 Le dénombrement de 1881 donne à Névache 600 âmes, c'est-à-dire
150 de plus qu'au siècle dernier.

La montagne du Bourget, qui a deux lieux (sic) de lon-
gueur est favorable aux retranchements d'une nombreuse
troupe ennemie.

Le produit du premier foin de cette vallée porte à plus
de vingt milles quaintaux, mais la voiture ne peut s'en
faire à Briançon que dans le mois de juillet, à dos de mulets ou d'hommes. On y peut faire des magasins de toutte
espèce parce qu'elle peut servir de passage ou par la
droite ou par la gauche.

Cette communauté possède treize cents soixante
quainze arpans de bois, dont le transport est très difficile
pour servir au chaufage de la garnison, de la ville et des
forts. Le produit en grains, seigles, fromans, orges et
avoines peut être évalué à cinq milles sestiers pour la
subsistance de douse cents ames. Elle n'a que quatre cents
hommes tant jeunes que vieux, dont deux cents peuvent
servir[1].

LE VILLARD-SAINT-PANCRACE.

La communauté du Villard-Saint-Pancrace n'est éloignée
que d'une demi-lieue de Briançon; elle est d'une très
petite étendue. Son paturage principal est placé sur le col
des Ayes qui confine la vallée de Queiras. Son produit en
foin ne porte pas à douze cents quaintaux. Elle possède
sept cents arpans de bois de sapin et mélèse, dont la coupe
contribue beaucoup à la troupe par la bonté du bois, la
facilité du transport et sa proximité. Son produit en
grains, fromants, seigles, orges et avoines peut être évalué à six milles sestiers pour la subsistance de quainze
cents ames. Elle a en dénombrement six cents hommes
dont la pluspart ont un commerce en vins ou autres voitures[2]. C'est la qu'on trouve le charbon de pierre pour
former la ouille destinée au chaufage de la garnison, de
la ville et des forts.

[1] En 1881 Cervières avait 702 habitants et était en diminution de 25
environ sur la population du siècle dernier.

[2] Le recensement de 1881 porte la population du Villard-Saint-Pancrace à 959 habitants; au siècle dernier elle n'était que de 880.

SAINT-MARTIN DE QUEIRIÈRES.

La communauté do Saint-Martin-do-Queirières n'est éloignée que d'une lieux *(sic)* de Briançon ; elle est assise dans le grand chemin de Provance, dont le transport des voitures est permis en tout temps.

Le premier foin ne porte pas à douze cents quaintaux, dont le transport se fait pour le service du roi à la Bosséo du milieu qui fait la limite du Briançonnois. Elle possède six cents arpans de bois de sapin ; il s'y trouve encore quelques noyers qui facilitent le chaufage des habitants de la ville, ce qui leur fait un revenu. Elle possède encore un petit vignoble dont le vin est blanc, ordinairement ver *(sic)* et mauvais, qui n'est d'aucun commerce. Le produit en grains, seigles, fromans, orges et avoines peut être évalués à cinq milles sestiers, pour la subsistance de deux milles ames.

Sept cents hommes, tant jeunes que vieux, composent cette communauté, dont trois cents peuvent servir dans les occasions[1].

LE PUY DE SAINT-PIERRE ET LE PUY DE SAINT-ANDRÉ.

Les communautés du Pui-Saint-Pierre et du Pui de Saint-André sont enclavées l'une dans l'autre, sur une égale hauteur et dans une mesme ligne. Leur territoire est fort reserré mais fort bon, surtout en froments ; leurs fonds son penchants, exposés aux ravines et coulées de neige.

Son produit en foin est très médiocre ; il ne porte pas l'une dans l'autre à milles quaintaux dont la voiture est fort difficile par la position et la pante du terrain, qui est très chaud. On n'y peut établir ni magasins ni fours et les troupes n'y sont point cantonnés.

La communauté du Pui-Saint-Pierre a deux cents arpans de bois, et celle de Saint-André deux cents seize dont la coupe ne sert en rien pour le chaufage de l'estranger. Ces

---

[1] La population était en 1831 de 1413 ames, et l'augmentation de 60 sur le siècle dernier.

deux communautés ne sont pas éloignées d'une demi-lieux de la ville.

Leur produit en grains, fromonts, seigles, orges et avoines peut être évalué à cinq milles sestiers pour la subsistance de douze cents ames. Le dénombrement des hommes peut porter à cinq cents, dont trois cents sont en état de se défendre[1].

LA VALLOUISE.

La communauté de Vallouise fut en 1488 le théâtre de la guerre des Vaudois. C'est cette malheureuse secte de Pierre Valdo, de Lion, qui après avoir infecté cette contrée de son hérésie, enlevat les vases sacrés, brulat les images et les temples[2]. Ces hérétiques furent poursuivis par Albert Cattanéo, natif de Plaisance, archidiacre de Crémone, sous le règne de Charles VIII, d'heureuse mémoire. Les ennemis de la foi se retirèrent dans une caverne qu'on nomme Aile froide, couverte par un rocher creus d'une longue étendue; les fidèles, animés d'un vrai zèle pour les intérêts de la religion disciplinés par cet illustre archidiacre, l'apôtre des montagnes, qui après avoir choisi pour chef Jean Roux-la-Croix, montèrent par des cordes qui ettoient de plus de trois cents coudées d'hauteur, sur un petit rocher dominant le fort et la caverne que la nature rendoit inexpugnable, s'en saisirent, précipitèrent quatre-vingt-dix Vaudois et les autres en fuite ou convertis.

Cette vallée fut purgée de cette fatale secte qui se réfu-

[1] Au siècle dernier la population de ces deux paroisses réunies était de 817 âmes; elle était en 1881 de 1.002.

[2] Ce résumé de la lutte suprême des Vaudois contre l'autorité ecclésiastique et civile est très exact pour les dates et aussi pour le nombre des malheureux qui furent tués en combattant. Cependant il faut faire des réserves sur les violences attribuées aux Vaudois contre les églises, ces violences sont de pure invention. En outre l'Ailefroide (*Malefrigida*) n'est pas une caverne, mais une petite plaine, non loin de laquelle il y a une caverne où se refugièrent les hérétiques. Enfin les auteurs contemporains ne disent mot du rôle de Jean Roux-la-Croix, ancêtre de l'auteur du mémoire, dans ces tristes évènements ni du martyre subi par son fils; il y a lieu de douter de l'un et de l'autre jusqu'à nouvel ordre.

giat dans Froissinières, où le fils unique de Jean Roux-la-
Croix souffrit le martir qui mérita à sa postérité les armes
et le nom qu'elle porte. Ce fut pour lors que le glorieux
Saint-Vincent arborat l'étendar de la Croix dans cette
contrée et y précha (*sic*) avec succès la morale évangéli-
que[1].

Cette communauté est la plus étandue de touttes celles
qui forment le gouvernement de Briançon; elle en est
éloignée de deux lieux (*sic*); elle a une grande lieux de
circonférence. Elle possède quatre cents quatre-vingt arpans de bois; elle fournit beaucoup en noyer, en légumes
et en grains pour la subsistance des habitants de la ville
et de l'estranger. Elle est placée dans un site ou elle ne
craint point l'invasion de l'ennemi[2].

Son produit du premier foin porte à plus de vingt milles
quaintaux dont le transport se fait ordinairement au magasin de la Bessée pour la proximité.

On peut y établir des magasins et des fours pour les
troupes en cantonnement. Le produit en grains de toutte
espèce peut être évaluée à vingt milles sestiers pour la
subsistance de quatre milles ames.

Le dénombrement des hommes tant jeunes que vieux
peut être portés à trois milles, dont il y en a douze cents
propres à porter les armes[3]. L'entrée de cette communauté
à un vignoble dont la consommation se fait sur les lieux.
C'est un vin blanc, apre et mauvais[4]. Cette communauté

---

[1] Ce ne fut pas vers 1483 que Saint Vincent-Ferrier passa en Vallouise
si tant est qu'il y soit en effet passé, et évangélisa les Vaudois, mais en
1401. Ce qui prouverait le passage du Saint c'est le vocable de Saint-
Vincent donné à l'église paroissiale du Puy, jadis Saint-Roman, maintenant Saint-Vincent, et plusieurs chapelles fondées dans la contrée sous
ce patronage.

[2] Cependant une voie romaine traversant le col de l'Eychauda, passai,
dans la Vallouise et on eut pu l'envahir en prenant ce chemin.

[3] La Vallouise en y comprenant les communes des Vigneaux, de la
Pisse et du Puy-Saint-Vincent avait en 1881, 3.142 habitants, elle en
avait ... au siècle dernier.

[4] Ces vignes sont situées dans la commune des Vigneaux à laquelle
elles ont donné son nom. Quant à leur qualité l'auteur est loin de la
calomnier.

fournit un grand nombre de peigneurs de chanvre, ce qui fait leurs richesses (*sic*). Il n'y reste dans l'hiver que les femmes et les vieillards.

VALLÉE DU QUEIRAS.

La vallée du Queiras, quoique exceptée du gouvernement de Briançon, fait partie du Briançonnois qui pour lors prend le nom de bailliage.

Ce vallon renferme sept communautés dénommées : Arvieu, Château-Queiras, Molines, Aiguilles, Abriés, Saint-Véran et Ristolas.

Cette vallée n'a pour toute défense qu'un château fortifié placé à l'entrée de la vallée dans la gorge de Guillestre; une compagnie d'invalides, sous les ordres d'un commandant en fait la garnison. Les communautés qui sont en avant sont exposées au feu et au pillage par deux cols différants. Son terrain est fort ingrat, sa position triste et et ne peut être que très difficilement cultivé.

ARVIEU.

La communauté d'Arvieu est placée au-dessous du col d'Isoar; son bassin qui fait l'entrée de la vallée, quoique étroit, est assez agréable. Son produit consiste en seigles, en avoines et en fourages; ce dernier chef peut monter à six milles quaintaux. Elle est éloignée de Briançon, par le col d'Isoir, de trois lieux (*sic*), mais ce passage ne soufre la voiture qu'à la fin de juin, et par Guillestre elle est éloignée de sept lieux.

Elle possède trois cents trente arpans de bois de sapin qui ne lui est d'aucun revenu. On y peut faire des magasins de toutte espèce. Le produit des grains en seigles, orges et avoines, peut être évalué à six milles sestiers, pour la subsistance de deux milles ames. Le dénombrement des hommes, tant jeunes que vieux, peut porter à neuf cents, dont trois cents sont en état de servir[1].

[1] En 1881 Arvieux avait 888 habitants, il en avait 1.000 au XVIII° siècle. Le Queyras est la contrée du Briançonnais ou la population a le plus décru.

CHATEAU ET VILLE-VIEILLE.

La communauté du Château et Ville-Vieille, éloignée d'une demi lieux (*sic*) d'Arvieu, et de trois lieux et demi de Briançon par Corvière, est fort étroite.

Le premier foin ne porte pas à six cents quaintaux. Elle ne subsiste qu'à la faveur de la garnison du Château. Elle possède sept cents arpans de bois de sapin ou mélèze dont elle ne peut faire aucun commerce avec son voisin ; elle en fournit à la garnison et au Château. Son produit en grains, seigles, fromants, orges et avoines peut être évalué à cinq milles sestiers pour la subsistance de deux milles âmes.

Le dénombrement des hommes, tant jeunes que vieux, peut porter à milles, dont cinq cents peuvent prendre les armes[1]. On peut y établir des fours et des magasins, surtout à Ville-Vieille, pour le passage de Molines.

MOLINES.

La communauté de Molines est à cinq lieux (*sic*) de Briançon par Corvières; c'est le passage des troupes pour pénétrer dans la vallée du Château-Dauphin. Elle est abondante en paturages; le produit du premier foin annuel porte aux environs de dix milles quaintaux. Son commerce principal est en bestiaux.

Cette communauté possède deux cents soixante arpans de bois de sapin, dont elle n'a autre rétribution que sa fourniture à la garnison du Château. Le produit en grains, seigles et fromants, orges et avoines peut être évalués à six milles sestiers pour la subsistance de deux milles âmes.

Le dénombrement des hommes peut porter à neuf cents[2], dont quatre cents peuvent prendre les armes.

AIGUILLES.

La communauté d'Aiguilles est assise dans un bassin plat mais fort étroit. Le premier foin n'y est pas aussi

[1] Château-Ville-Vieille avait 905 habitants en 1881 et 1.411 au siècle dernier.

[2] Molines avait 792 habitants en 1881 et 862 au siècle dernier.

abondant, il peut estre néantmoins évalués à six mille quaintaux. Elle est éloignée de Briançon de cinq lieux (sic) par Cervière, dont le passage n'est libre qu'au commencement de juillet.

Elle possède six cents arpans de bois propre à la batisse et au chaufage. Son produit en grains de toutte espèce peut être évalué à trois mille sestiers pour la subsistance de quainze cents ames, en manière que pendant l'hiver il n'y reste que les femmes et les vieillards. Le dénombrement des hommes peut porter à huit cents, dont trois cents en état de prandre les armes[1].

ABRIÈS.

La communauté d'Abriès éloignée de Briançon de six lieux (sic) par Cervière, est fort bonne en fourages et en avoines. Elle produit du premier foin plus de dix milles quaintaux ; les habitants y sont assez aisés par les foires et les marchés qui y sont établi[1] et par leur fréquans commerces, surtout dans un temps pacifique, avec les vallées de Luserne et de Saint-Martin.

Elle possède trois cents cinquante arpans de bois, dont l'accès est assez facille. Le produit en grains, seigle, fromants, orges et avoines peut être évalués à six milles sestiers pour la subsistance de douze cents ames. Le dénombrement des hommes, tant jeunes que vieux, peut porter à huit cents, dont quatre cents sont en état de porter les armes pour la défense de leur païs[2].

RISTOLAS.

La communauté de Ristolas est éloignée de Briançon, par Cervière, de sept lieux (sic). Elle produit beaucoup en foin et en avoines. Le produit du foin porte à huit milles quaintaux. Leur commerce avec la vallée de Luserne en

[1] Aiguilles avait 601 habitants en 1881 et 910 au XVIII° siècle.

[2] Les foires principales d'Abriès avaient été créées par Henri IV en 1601 le 1er juin et à la St-Michel. Mais bien longtemps auparavant, le 16 août 1250, Guigues VII, dauphin, y avait autorisé un marché tous les mercredis et avait conféré à la communauté de grands privilèges.

[3] Abriès avait 910 habitants en 1881 et 1.000 au siècle dernier.

rand les habitans assez commodés[1]. Elle possède quatre
cents arpans de bois sapin et mélèse. Les grains en seigles, fromants, orges et avoines peut (*sic*) estre évalués à
cinq milles sestiers pour la subsistance de douze cents
ames. Le dénombrement des hommes tant jeunes que
vieux, peut porter à huit cents, dont cinq cents propres à
porter les armes[2].

Au-dessus de Ristolas on trouve le col de la Croix qui
descend dans la vallée de Luserne. L'ennemi, maitre de la
gorge qui enclave le château de Mirebouc, peut entrer en
force par ce col, traverser sans résistance toutte l'étendue
de cette vallée et pénétrer ensuite dans le Haut-Embrunois par Ceillac et le col de Vars. C'est là le passage ordinaire des Vaudois pour mettre à contribution les communautés qui les voisinent ; les événements que cette
communauté a éprouvés le 1er septembre 1745 en sont là
preuve[3].

SAINT-VÉRAN.

La communauté de Saint-Véran, éloignée de Briançon
par Cervière de sept lieux (*sic*), est la plus haute montagne habitée de l'Europe[4]. Son territoire ne produit presque
que du foin et de l'avoine ; le premier foin peut être évalué à six milles quaintaux. Elle ne possède que quatre
vingts arpans de bois d'aucun revenu. Le produit en
grains, seigles, orges et avoines peut être évalué à cinq
milles sestiers pour la subsistance de douze cents ames.
Le dénombrement des hommes peut porter à huit cents
dont quatre cents propres à porter les armes[5].

[1] Lisez : *accommodés.*

[2] Ristolas avait 411 habitants en 1831 et 875 au XVIIIe siècle.

[3] A cette époque les corps francs ennemis ravagèrent une partie du
Queyras, à la suite de la tentative du prince de Conti et de dom Phi-
lippe sur l'Italie.

[4] Cette affirmation est-elle exacte ? Je l'ignore. Saint-Véran est situé
à plus de 2.000 mètres d'altitude.

[5] Le recensement de 1831 donne à Saint-Véran 639 habitants ; il en
avait 800 au siècle dernier. Malgré la rigueur du climat la diminution
de la population a donc été bien moindre dans cette commune que dans
quelques autres du Queyras mieux situées.

Elle confine le col d'Agnel, par lequel on descend dans la vallée de Sture et à La Chenal, de la Chenal au Pont, du Pont à Saint-Eusèbe, de Saint-Eusèbe à Bellin où finit la vallée du Château-Dauphin. Le marquisat de Saluces et la plaine de Turin pourroient par ce passage fournir des renforts considérables pour nous inquietter.

Si la vallée de Queiras, qui a sept lieux de circonférance, recevoit une armée de secours, on peut établir des magasins et des fours à Arvieu, au Château, à Ville-Vieille, à Saint-Véran, à Molines et à Abriès. Cette vallée peut fournir aux magasins du Mont-Dauphin et de Guillestre par la proximité, puisque le Château n'est éloigné que d'une lieux et à proportion des autres.

Il y a dans cette vallée nombre de moulins particuliers surtout à Arvieu et à Ville-Vieille, par la quantité d'eau qui y abonde.

RÉCAPITULATION.

La récapitulation du Briançonnois en général pour les chevaux, mulets, bêtes asines, peut porter à deux milles; celles des bêtes à corne à quatre mille.

On a veu que le Briançonois est actuellement composé de dix-neuf communautés; ce petit continant de païs est assez peuplé; puisqu'il renferme dans son enceinte trante cinq milles ames[1]. Les grains ne suffisent pas pour la nourriture des habitants, et, par économie, plus de deux milles hommes sortent tous les hivers. L'Embrunois et le Gapençois suppléent à leur subsistance.

On y peut aisément lever soixante compagnies de milices dans un temps critique, scavoir quarante dans le gouvernement de Briançon et vingt dans la vallée du Queiras, pour garder, dans un tems de trouble et de guerre, l'intérieur et l'extérieur de la place, par le secours d'une garnison de troupes réglées pour la discipliner.

Les deux rivières qui arrosent ce continent de païs ne permettent point la voiture par battau, on ne se sert que de mulets à bas ou bêtes asines. Les bêtes à cornes ser-

---

[1] D'après le recensement de 1881 la population totale du Briançonnais n'excédait pas 24,225 âmes pour 23 communes.

vent aux trois labours de leurs fonds; une pointe de fer
du poids de vingt livres, un bas et une barre en bas de six
pieds de long, placée au milieu de deux animaux de cette
espèce, fait l'instrument du labour.

L'arpantage en bois constaté par le cadastre, vérifié par
le procès verbal du grand-maître des eaux et forests du
Dauphiné, dressé sur les lieux en septembre 1738 porte à
neuf milles cinq cents vingt un arpans.

Le gouvernement de Briançon peut produire annuellement soixante dix milles quaintaux de premier foin et la
vallée du Queiras cinquante milles, en tout cent trente
milles quaintaux.

Le dénombrement des hommes tant jeunes que vieux
porte à dix sept milles deux cents.

Celui des chevaux, mulets, bêtes asines, bêtes à cornes
peut être évalué à six milles. Les habitants qui peuvent
faire des nouriages[1], gardent ches eux toutte l'année leurs
bêtes à bas pour les travaux de leurs fonds ; la consommation du foin domestique en ce chef peut porter à quarante
milles quaintaux. La principale considération chez l'habi-
tant pour leurs troupeaux est la meslée qui lui est d'un
grand secours. On y fait paturer sur l'hauteur des montagnes, pendant cinq mois de l'année, les bêtes à corne,
mouttons et brebis, et pendant les autres sept mois que la
terre est couverte, la consommation du foin en ce second
chef peut porter à vingt huit milles quintaux.

Le Briançonnois, à suposer une année fertille et abondante en foins, dans un temps pacifique ou leurs (*sic*)
terres n'ont souffert aucun dégat, pourroit fournir aux
magasins du roy aux environs de soixante mille quaintaux
et autant de la paille, en y detraisant[2] ce que le Queiras
fourniroit dans le Haut-Embrunois. Quant aux grains,
c'est à dire aux orges et aux avoines, il ne peut fournir
aux environs que deux milles sestiers. Quant aux bleds,
seigle, fromant, il n'y a proprement que les meuniers et

---

[1] *Nouriages* : autrement dit hivernage, c'est-à-dire nourrir l'hiver
es animaux à l'étable.

[2] *Detraisant* : l'auteur a voulu probablement écrire *en distrayant*.

maitre des moulins qui peuvent en fournir aux environs de dix milles sestiers.

Quant aux bois de pin, sapin et mélése, il ne[1] peu fournir, outre la garnison ordinaire tant de la ville que des forts, la quantité de trante milles cordes.

Les habitants, pour la cuite de leur pain, qu'ils font en automne, ne se servent que de fagots de buissons sauvages, et pendant sept mois d'un hiver fort rude ils se tiennent dans les escuries ou la chaleur des bestiaux leur tient lieu de feu. Les communautés qui sont à portée de la ville de Briançon et qui contribuent au chaufage de la garnison, ne soufrent pas que des étrangers y fassent aucune coupe. Les habitants y vont eux-mêmes par députation[2], ils coupent en jardinant les arbres les plus vieux, et notamment ceux dont l'abatage ne peut occasionner aucun dommage sur leurs terres et sur leurs maisons[3].

Ils ont des cantons ou la coupe d'une (sic) arbre est absolument interdite, dans la crainte qu'ils ont des torrants, des lavanges[4] et des fontes de neige.

Les lavanges sont extrémement à craindre ; elles commencent par un peloton de neige qui se détache du haut des montagnes ; il grossit à mesure qu'ils (sic) descend et sa grosseur est ordinairement si monstrueuse que s'il n'étoit pas arresté par des arbres futayes, sa chûte rapide enlèveroit les fonds et les maisons. C'est dans les cantons moins dommageables que les habitants prennent, sur les ordres de Mgr l'intendant, le bois pour le chaufage de la garnison de la ville et des forts de Briançon. La quantité se monte annuellement à vingt-cinq milles cercles d'un pied de diamètre et quatre pieds de long, faisant sept cents cordes Dans un temps (sic) tranquille les habitants en font l'abatage par économie[5] ; ils le voiturent et le livrent

---

1 *Ne*, lisez : *en*.

2 *Députation*, ce mot a sans doute la signification de *corvée*.

3 Sous entendu, *en dénudant le sol*.

4 Forme patoise du mot *avalanche*.

5 *Par économie*, ajoutez : *de temps*.

à l'entrepreneur qui le leur paie à raison de quatorze livres la corde[1].

La voiture d'une corde se fait en dix-huit voiages à dos de mulets, pour la sortir seulement de la forests jusques au premier entrepot, et en dix-huit autres voiages pour la voiturer à Briançon. Un mulet porte deux cercles de bois, et ceux qui n'ont pas de mullet et qui sont obligés de fournir, portent un cercle sur leur dos.

Les communautés en corp (*sic*) ne retirent aucun bénéfice de leurs bois[2], si bien que si la garnison ne faisait pas cette consommation, les bois pourriroient sur la place après leur chute par caducité. On ne peut en faire aucune fourniture ni leur donner aucune valeur effective.

Sur ces observations il est aisé de voir que le païs ingrat et stérille, n'a pour tout appanage que de fortes charges pour le service du roi ou pour ses besoins particuliers. Dans un climat situé au plus haut des Alpes, dont la position est triste, les travaux durs et pénibles, et dénué presque de tout commerce, il ne leur reste qu'un zèle infatigable et à toutte épreuve dans les occasions ou les ordres du roy le demandent, et c'est cette affection que les habitants ont mérité dans tous les temps.

----

[1] La corde est une mesure qui variait extrémement de province à province, elle n'était pas en usage dans nos contrées. Il est probable que l'auteur parle de la corde des eaux et forêts qui représerte ou toise cube ou quatre stères.

[2] Sauf de ceux qu'elles vendent à la garnison de Briançon.

www.ingramcontent.com/pod-product-compliance
Lightning Source LLC
Chambersburg PA
CBHW071434200326
41520CB00014B/3683